你别想随便摸我！

王大伟◎著

中国出版集团

现代出版社

孩子是每个家庭的希望，是国家的未来。学生的安全不仅涉及每个家庭，还关系到整个社会的稳定、和谐与发展。安全不保、失去健康，教育就没有了保障，失去了前提，人才培养也无从谈起。学校教育，安全第一。

本系列在深入了解分析当前我国中小学安全工作现状和学生安全事故发生特点的基础上，参照《中小学公共安全教育指导纲要》的精神编写而成。生动、详细地讲解了小学生多发安全事故的基本常识及面对事故时的处理方法。希望通过本套丛书帮助小朋友们强化安全意识，养成良好的安全习惯，掌握一定的安全技能，形成“珍爱生命，安全第一”的终生意识。让我们的孩子都能平安、健康、快乐地成长。

目 录

第01课

校园突发暴力时

平安童话

口水狼绑架了小朋友

早晨八点，森林小学门口聚集着等待上学的孩子们。大家在一起谈论着各种各样开心的事情，空气中布满了欢声笑语。突然，大家听到一声尖叫。不好，原来是口水狼沃尔福劫持了花狐狸福克斯。可怜的花狐狸被吓得大气不敢出，眼泪都流出来了。口水狼把刀架在花狐狸脖子上，恶狠狠地说:“你们都把钱交出来，不然我就杀了这只小狐狸！”这时，孩子们都吓坏了，谁也不敢吱声，大家都不知道该怎么办了，甚至有些孩子开始掏口袋，准备拿出自己的零花钱给口水狼。口水狼眼中露出贪婪的光芒，已

经迫不及待地从孩子们手中抢过了钱。鼻涕猪比格看见这个情况，一点儿都没慌张，他转了转眼珠子，趁口水狼没注意，慢慢地弯下身子，将书包放在一边，悄悄从人群中钻了出去，赶紧跑去找大苹果警察艾坡了。

大苹果警察一听到发生了这么严重的事件，火速开上摩托赶到了学校门口。他们趁口水狼背过身的时候，悄悄走到他身后，一举制伏了口水狼。花狐狸终于得救了，森林小学的孩子们也得救了，被口水狼抢走的钱物也被大苹果警察还了回来，大家都高兴得欢呼了起来。孩子们纷纷围住鼻涕猪，都在夸他“智勇双全”呢！鼻涕猪也因此被评为了森林小学的“见义勇为三好学生”。

森林小学

校园暴力突发事件，是指在学校及周边地区发生的暴力犯罪活动。包括杀人、劫持、抢劫等犯罪行为，被害人以中小学学生为主。由于被害者往往都有年龄小、易受侵害的特性，校园暴力突发事件会给被害人带来巨大的生理及心理伤害，同时也会造成严重的社会影响。

平安童谣

学校不是安全岛，
大灰狼要细查找。
安全距离十五米，
发现危险拔腿跑。

安全问答

1. 什么是校园突发暴力事件?
2. 遇到小朋友被劫持了，你该怎么办?
3. 如果你被劫持了，你该怎么办?
4. 你认为学校里安全吗?
5. 要不要避开学校门口拥挤的人群?

平安警语

出现危险时，快去找警察和老师。

小朋友们，本节安全课讲到的安全重点你能做到吗？根据自己的情况涂上相应数量的星星吧！

还需努力	基本做到	没问题
☆☆☆☆☆	☆☆☆☆☆	☆☆☆☆☆

1. 出了校门不走偏僻的小路。
2. 没有等到家长不擅自离开。
3. 在校内遇见坏人坏事赶紧告诉老师。
4. 无论在校外还是校内都不轻易靠近陌生人。

第02课

科学报警有诀窍

平安童话

坏人也是可以骗的吗

在遥远的草原上，蒲公英快乐地飞舞，风笛悠扬地歌唱。远处有一幢漂亮的房子，房子里住着鼻涕猪比格和他的妈妈。

这一天，妈妈生病了，下不了床，走不了路了。鼻涕猪比格十分着急，他背上包去给妈妈请医生。比格想快点儿请来医生给妈妈治病，所以他选了一条平时不常走的偏僻小近道，一路上他不停地跑啊跑啊……突然，从路边的一棵大树后跳出了一个黑影，鼻涕猪比格定睛一看，原来是口水狼沃尔福。口水狼手拿尖刀大声喊道：“不许动！听着，此路是我开，此树

是我栽，要想从此过，留下买路财！”口水狼用刀尖指着鼻涕猪，挡住了他前进的方向，凶神恶煞地盯着鼻涕猪的背包。

“不能慌，我得赶紧想想办法！”鼻涕猪比格安慰着自己，他十分镇定地擦了一下鼻涕，不慌不忙地说：“哦，你要买路财啊！不过不巧的是，因为大苹果警察艾坡今天邀请我去警察局做客，所以我今天没有带钱包。我们约好在这儿见面，他应该马上就到了，我特意来迎接他，一会儿他来了你找他要‘买路财’吧！”口水狼一听这话，吓得浑身发抖，他可不想再遇见大苹果警察艾坡了，上回在警察局被关了好久呢！口水狼夺路而逃，鼻涕猪看着远去的口水狼哈哈大笑，转身跑着去给妈妈请医生了。

现在很多孩子遇到坏人不会骗、不会跑，叫作孩子的“两不会”。 第一是不会骗，遇到坏人，绝大部分孩子说不能骗，因为老师和家长都说骗人不对，要诚实；第二是不会跑，出现紧急事件时，孩子反应不够快，不敢跑、跑不动。要让孩子们学会机智又科学地报警，与犯罪分子斗智斗勇。

平安童谣

坏蛋来了我不怕，
人人都是小警察。
敢骗坏人赶快跑，
不与坏人多说话。

安全问答

1. 要不要与陌生人说话？
2. 坏人是可以骗的吗？
3. 面对危险，你有没有逃跑的勇气？
4. 遇到坏人时你可以想到哪些拖延时间、乘机逃走的方法？
5. 报警电话是多少？

平安警语

遇到危险时，
要敢骗坏人赶快逃走，掌握报警方法，记住报警电话110。

小朋友们，本节安全课讲到的安全重点你能做到吗？根据自己的情况涂上相应数量的星星吧！

还需努力	基本做到	没问题
☆☆☆☆☆	☆☆☆☆☆	☆☆☆☆☆

1. 熟记报警电话及爸爸、妈妈的手机号码。
2. 陌生人前来搭讪，不随便回应并尽快离开。
3. 遇见坏人沉着冷静，不慌张。
4. 被坏人劫持，动脑筋想办法拖延时间，找机会逃走。

平安童话

演唱会

最近，森林里到处都流传着这样一个消息：黄绒鸭达克要来开演唱会了！达克是大森林里的明星，唱歌可好听了，小动物们都期待着去听他的演唱会。

这一天终于来了。演唱会定于晚上七点在森林中央的大舞台举行。花狐狸福克斯和鼻涕猪比格都很喜欢达克。但是他们的家在森林边儿上，离大舞台好远啊。花狐狸叫鼻涕猪一块儿去大舞台，鼻涕猪说：“不了，那里人肯定很多，我还是在家看电视吧。”于是花狐狸一个人走了。等他

赶到时，演唱会已经开始了，大舞台边围满了森林里的居民，站在人群外面的花狐狸什么都看不见，只能听到观众的叫声和隐隐约约的歌声。花狐狸也想听偶像唱歌，于是和其他人一样，拼命往前挤。只听到人群里传出“啊，踩到我的脚啦”“不要挤了，有人摔倒了”……

直到演唱会散场，花狐狸都没有挤到前面去，始终被黑压压的人群挡着。鼻青脸肿的花狐狸只好疲惫地回家了。而在家看电视的鼻涕猪呢？演唱会一开始，他就坐在沙发上，喝着饮料，吹着空调。电视里的黄绒鸭达克就像在自己眼前唱歌一样，比格美美地看了个够。好过瘾啊！

Duck ♥ U

危险现场包括集市、庙会、演唱会、电影院、游乐场、打架斗殴现场等，在这些危险的地方，容易发生偷盗、拐骗、抢劫、踩踏等事故，不仅会造成财物损失，更会带来身体伤害，甚至会有生命危险。

一躲人多如潮涌，
二躲争吵与起哄。
三躲楼梯与门洞，
四躲广告五躲灯。

1. 哪些场所比较危险？

2. 公共场所的"五躲避"是指什么？

3. 危险事件发生时有哪些侵害形式？

4. 如何避开这些危险的地方？

5. 你会寻找安全通道吗？

安全
问答

避免到人多拥挤的场所去，出现危险时不围观、不起哄，赶快离开现场。

小朋友们，本节安全课讲到的安全重点你能做到吗？根据自己的情况涂上相应数量的星星吧！

还需努力	基本做到	没问题
☆☆☆☆☆	☆☆☆☆☆	☆☆☆☆☆

1. 不去人多拥挤的地方围观。
2. 上下人多拥挤的楼梯时，做到慢慢走，不推碰前后人群。
3. 在人多的公共场所，看见怪异的人或事，尽快告诉身边人。
4. 熟记公共场所的“五躲避”原则。

奇怪的叔叔

鼻涕猪比格长得很可爱，妈妈总是把他打扮得漂漂亮亮的，大家都很喜欢他。

放暑假的一天，爸爸妈妈出门买东西了，比格一个人在家写作业，这时候门铃响了，比格从猫眼里一看，是口水狼沃尔福叔叔，于是就开门让他进来了。沃尔福见家里就只有比格一个人，就笑着对比格说："比格真乖，自己一个人写作业，来，休息一会儿，叔叔学会了一个新游戏，咱们做游戏好不好？"比格写了很长时间作业，正好也累了，很高兴地答应了。沃尔福伸

出手说：“我先帮你把衣服脱掉，这个游戏是不能穿衣服的。”比格的妈妈跟他说过：“背心裤衩覆盖的地方不能让别人看，不能让别人摸，因为那是坏人要对自己做不好的事情。”比格知道面前的叔叔想伤害自己。这时候，外面的树上有一个木瓜掉进河里，发出“咚”的一声，像关车门的声音。比格就假装喊道：“我爸爸回来了！”沃尔福一听，赶忙说自己还有事，头也不回地开门跑了。

下午，爸爸妈妈回来了，比格把上午发生的事情告诉了他们，爸爸妈妈听了立刻变了脸色，原来沃尔福对比格确实是不怀好意。他们赶紧报了警，大苹果警察艾坡把沃尔福抓走了。

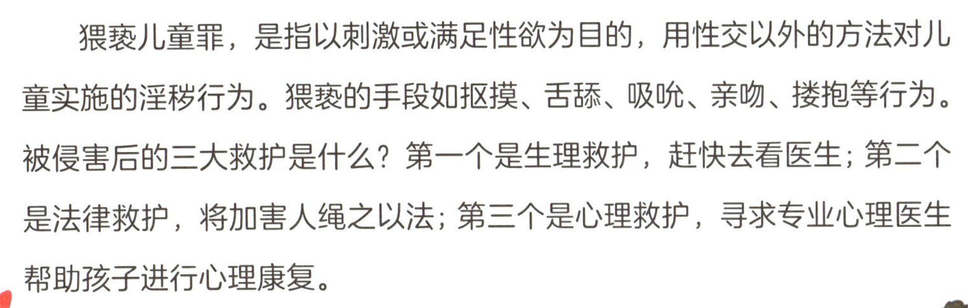

猥亵儿童罪，是指以刺激或满足性欲为目的，用性交以外的方法对儿童实施的淫秽行为。猥亵的手段如抠摸、舌舔、吸吮、亲吻、搂抱等行为。被侵害后的三大救护是什么？第一个是生理救护，赶快去看医生；第二个是法律救护，将加害人绳之以法；第三个是心理救护，寻求专业心理医生帮助孩子进行心理康复。

小熊小熊好宝宝，
背心裤衩都穿好。
里面不许别人摸，
男孩女孩都知道。

1. 什么是猥亵儿童罪?
2. 被侵害后的三大救护是什么?
3. 你知道身体哪些部位不许别人摸吗?
4. 很熟悉的人要求摸你的“背心裤衩”部位，也可以吗?
5. 如何防止受到性侵害?

安全问答

平安警语

背心裤衩覆盖的地方不许别人摸。

我能做到

小朋友们，本节安全课讲到的安全重点你能做到吗？根据自己的情况涂上相应数量的星星吧！

还需努力	基本做到	没问题
☆☆☆☆☆	☆☆☆☆☆	☆☆☆☆☆

1. 在人少的环境里时刻保持警惕。
2. 保护好自己“背心裤衩”覆盖的部位。
3. 有人要看你的或给你看“背心裤衩”覆盖的部位，及时躲避并告诉家长。
4. 除非得到父母的允许，再熟悉的人都不与他单独相处。

第05课

走失迷路要自救

平安童话

会认路的鼻涕猪

鼻涕猪比格和花狐狸福克斯是邻居，他们的房子建造在大山旁的茂密树林里。

一天早晨，太阳刚升起来，阳光给大地披上了一层薄纱似的霞光，显得美丽又神秘。比格说：“福克斯，你看远处的山谷多漂亮啊，我们去那里探险吧？”福克斯说：“好啊！”于是两个好朋友手拉着手一起踏上了冒险的旅程。一路上，他们一会儿闻闻花香，一会儿追赶蝴蝶，一会儿爬上树去摘苹果，一会儿做个草帽……原来外面的世界这么有趣、这么好玩

啊！两个小伙伴朝着山谷的方向越走越远了。

他们走了很长时间，太阳也从东边走到了西边，已经是下午了。这时，两个小伙伴突然发现周围的路越来越陌生了。福克斯着急地说："我们这是在哪儿？我不知道回家的路了，不好了不好了，我们回不去了！"说完就坐在地上哭了起来。比格却很沉着，给福克斯擦干净眼泪，将他从地上拉起来，笑着说："不用担心，我记得家的地址，咱们找森林警察局的警察叔叔问一问吧，他们一定知道。别着急，咱们很快就能回家了。"比格带着福克斯到森林警察局向大苹果警察艾坡求助，在他的指点下，两个小伙伴拉着手唱着歌，享受着温柔吹拂的晚风，回家去了。

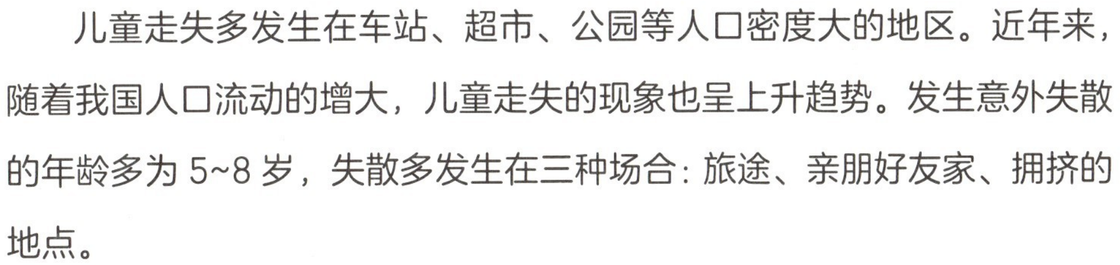

儿童走失多发生在车站、超市、公园等人口密度大的地区。近年来，随着我国人口流动的增大，儿童走失的现象也呈上升趋势。发生意外失散的年龄多为 5~8 岁，失散多发生在三种场合：旅途、亲朋好友家、拥挤的地点。

公园里，真热闹，
妈妈的手要握牢。
身份卡，电话簿，
警察叔叔都需要。

安全问答

1. 如何防止走失？
2. 走失后你该怎么做？
3. 你会辨认方向吗？
4. 你记得家里的住址吗？
5. 你记得爸爸妈妈的电话吗？

牢记家里的地址和家长的电话。

小朋友们，本节安全课讲到的安全重点你能做到吗？根据自己的情况涂上相应数量的星星吧！

还需努力　　基本做到　　没问题

1. 牢记家里的详细住址。

2. 牢记爸爸、妈妈的手机号码。

3. 在人多不熟悉的环境中，不离开家人独自跑开。

4. 如果迷路了，知道去找警察叔叔帮忙。

平安童话

“不知道”与“都知道”

花狐狸福克斯和鼻涕猪比格是好朋友，他们总是一起去上学。福克斯没心眼儿、爱说话，外号叫“都知道”。比格内向谨慎不爱说话，外号叫“不知道”。

有一天，他们在上学路上遇到了口水狼沃尔福。口水狼问花狐狸和鼻涕猪：“小朋友，你们叫什么名字？”花狐狸可喜欢回答问题了，立马抢着回答道：“我叫福克斯，9岁了。”又说：“我爸爸是商人，我妈妈是医生，我家住在橡树路125号。”见比格不回答他的问题，口水狼又问鼻涕猪：

"小朋友，你叫什么？是福克斯的好朋友吗？"鼻涕猪却不信任口水狼，不想告诉他自己的名字，只觉得他不怀好意，把福克斯往后拉了拉，回答说："对不起，我爸爸还没给我起名儿呢！"口水狼拿出两块巧克力送给他们。花狐狸想也没想就塞进嘴里吃下肚了。鼻涕猪用长嘴巴闻了闻拒绝道："对不起，爸爸不让我吃陌生人给的东西，况且，我有蛀牙。"说完，鼻涕猪就要走，上课的时间快到了。

突然，花狐狸觉得很困。很快，花狐狸就已经不省人事了，口水狼一把抓起他跑远了。原来，口水狼在巧克力里放了催眠药，把他迷晕了好卖到马戏团去！多亏鼻涕猪到学校后及时报警，要不然花狐狸可就永远都回不了家了。

拐卖妇女儿童罪是指以出卖或收养为目的，拐骗、绑架、收买、贩卖、接送、中转妇女和儿童的行为。拐骗儿童发生的高发地带有：上下学路上、学校门口、车站码头、公园、游戏场所。

一个人，上学校，
问我什么不知道。
低下头，快点走，
追上前边小朋友。

安全问答

1. 上学路上要和小朋友们结伴而行吗？
2. 遇到陌生人来接你放学时怎么办？
3. 要回答陌生人的问题吗？
4. 陌生人给的东西能吃吗？
5. 什么是拐卖妇女儿童罪？

平安警语

上学放学结伴而行，放学等爸爸、妈妈来接。

我能做到

小朋友们，本节安全课讲到的安全重点你能做到吗？根据自己的情况涂上相应数量的星星吧！

还需努力	基本做到	没问题
☆☆☆☆☆	☆☆☆☆☆	☆☆☆☆☆

1. 不回答陌生人的问题。
2. 上下学由家人接送或与小伙伴同行。
3. 不吃、不拿陌生人给的任何东西。
4. 不是事先约定好的人来接你放学，不跟他走。

第07课

可疑包裹不碰它

平安童话

草丛里的礼品盒

有一天，花狐狸福克斯叫鼻涕猪比格一起去集市。两人走着走着，突然，花狐狸发现路边的草丛里，隐约可见一个盒子，他好奇地走上前一看，哎呀！原来是一个礼物盒，上面还扎着漂亮的丝带呢。“这肯定是谁路过时掉的，好香啊！里面一定有好吃的。”花狐狸连忙转过身叫鼻涕猪：“比格，快过来，有个漂亮的礼物盒，我们打开它吧。”鼻涕猪回答道：“我不要，妈妈说过，别人丢的东西、包裹不能随便碰，即使捡到了也一定要交到警察叔叔手里。大苹果警察艾坡就在前面，我们让他来处理吧。”

花狐狸福克斯听了有些生气，说："怕什么，那我自己打开了啊！"花狐狸满心欢喜地解开丝带扎成的蝴蝶结，用力闻了闻飘散在空气中的香味，"嗯，这么香！一定是蛋糕。"当他打开盒子的一瞬间，"啪"的一声响，从盒子里喷出许多面粉来，刚好喷在了正开着盒子的花狐狸脸上，他一下子变成了个大花脸。这时候，草地里传来了口水狼沃尔福的笑声，原来这个盒子是他的恶作剧。等花狐狸反应过来，口水狼已经跑了。花狐狸接过鼻涕猪递过来的纸巾，用力擦了一把脸，懊恼地道："早知道就听你的话报警了，让大苹果警察来收拾这个坏蛋！"从此以后，花狐狸看到路边有可疑的包裹，都再也不碰了。

110 报警服务台除负责受理刑事、治安案件外，还接受群众突遇的、个人无力解决的紧急危难求助。以下情况下都可以拨打 110：杀人，抢劫，绑架，强奸，伤害，盗窃，贩毒，扰乱商店、市场、车站、体育文化娱乐场所公共秩序，赌博，卖淫嫖娼，吸毒，结伙斗殴，等等。所以，当发现有可疑包裹时，一定要拨打 110 报警。

可疑包裹不打开，
不用脚踢不能摔。
记住地方后报警。
不要害怕快跑开。

1. 110 的作用是什么？

2. 你会拨打 110 吗？

3. 路上遇到可疑包裹时你会怎么做？

4. 陌生人让你帮忙保存包裹时，你该如何应对？

5. 收到陌生人邮寄的不明包裹，你该怎么处理？

安全问答

平安警语

不要轻易打开路边的不明包裹，要尽快报警。

小朋友们，本节安全课讲到的安全重点你能做到吗？根据自己的情况涂上相应数量的星星吧！

还需努力	基本做到	没问题
☆☆☆☆☆	☆☆☆☆☆	☆☆☆☆☆

1. 看见路边有不明包裹不打开。
2. 记下可疑包裹的地址位置后报警。
3. 看见有人放下可疑包裹后就离开，要记得告诉警察。
4. 陌生人请你帮忙送、取不明物品，要经过家长同意。

平安童话

好朋友的聚会

今晚，森林小学的几个小朋友约好了在快餐店聚餐。鼻涕猪比格、花狐狸福克斯和叮当猫凯特都去参加了。大家在餐厅吃了很多好吃的，玩得很开心。时间不早了，大家都准备回家了。叮当猫是个小女孩，她家离这里有段距离，但是为了不麻烦大家，她就撒了个小谎，说她爸爸已经从家出发来接她了。大家信以为真，就互相道别，各回各家了。鼻涕猪是个特别热心又谨慎的男孩，他想了一下还是不放心叮当猫，于是叫上了好朋友花狐狸悄悄地跟在叮当猫的后面。叮当猫走得很快，没有注意到身后暗中

保护她的两个小伙伴，当然也没有注意到另一个身影——口水狼沃尔福，他正不怀好意地尾随着叮当猫呢。走到偏僻的小路时，口水狼要对叮当猫实施抢劫，他加快了脚步，伸出了爪子，冲着叮当猫的后背去了。鼻涕猪和花狐狸见大事不妙，不好了，叮当猫有危险！两人对视一眼，悄悄溜到口水狼身后，拿起砖头砸在口水狼的头上，把口水狼砸晕过去了。趁着口水狼神志不清醒，三个小伙伴赶忙跑到警察局报了案，大苹果警察艾坡赶来的时候，口水狼还在地上晕着呢！

从这之后，叮当猫再也不敢一个人走夜路了，猫爸爸没空来接他回家时，鼻涕猪和花狐狸就担当起了“护花使者”的任务。

劫匪通常采取三种手段：一是尾随事主从身后攻击，将事主打伤后抢走财物；二是团伙作案，采用“碰瓷”等手法，讹诈事主，抢夺财物；三是飞车抢夺。对于这类恶性犯罪，预防尤为重要。在相对人多的地方，与陌生人应保持 1.2 米以上的安全距离；在人少的地方，与陌生人应保持至少 30 米的安全距离。

身后有人要注意，
走到马路对面去。
要是他又跟过来，
拔腿就跑莫迟疑。

1. 什么是抢劫？

2. 什么是抢夺？

3. 走夜路应注意什么？

4. 遇到有人尾随应该怎么办？

5. 应该与陌生人保持多远的安全距离？

安全
问答

平安警语

独自走夜路，身后有人尾随时要跑到马路对面去。

小朋友们，本节安全课讲到的安全重点你能做到吗？根据自己的情况涂上相应数量的星星吧！

还需努力	基本做到	没问题
☆☆☆☆☆	☆☆☆☆☆	☆☆☆☆☆

1. 不独自一人走夜路。
2. 不走人少阴暗的偏僻小路，走人多灯光明亮的大路。
3. 与陌生人时刻保持一定的安全距离。
4. 发现有人尾随，尽快逃离到人多的地方报警求助。

第09课

新年的压岁钱

过年了，鼻涕猪比格、花狐狸福克斯和叮当猫凯特都收到了压岁钱。放学时，花狐狸对鼻涕猪和叮当猫说："明天放学后我们拿着压岁钱一块儿去玩儿，好不好？"叮当猫说："好啊，明天我都拿上，咱们玩个痛快！"这时候，鼻涕猪说："不行，妈妈说小孩儿出门不能拿太多钱，否则会被坏人盯上的。"花狐狸和叮当猫哈哈大笑，他们认为鼻涕猪太胆小。没想到，他们的对话让窗外的口水狼沃尔福听见了："哈哈，明天我能捞一票了！"

第二天下午是体育课，同学们都去操场了。口水狼看教室里没有人，就撬开窗户翻了进来。他直奔花狐狸和叮当猫的座位，把手伸进了他们的书包。“哈哈，还真不少呢。”就在他得意扬扬地数钱时，门突然开了，鼻涕猪带着老师和学校保安冲了进来，一下子将口水狼制伏了。

原来在前一天，就当三个小朋友准备离开教室时，警觉的鼻涕猪听到了窗外口水狼的笑声，因此今天他早早地告诉了老师，他们藏在教室外，就等口水狼实施盗窃时，将他当场抓住呢。

花狐狸和叮当猫听说了这件事，红着脸对鼻涕猪说：“谢谢你，我们以后再也不带这么多钱出门了。”

盗窃是指以非法占有为目的，窃取他人占有的数额较大的公私财物或者多次窃取公私财物的行为，是用不合法的手段秘密地取得财物。应对盗窃有以下几种技巧：第一招，增大犯罪代价。比如，给门安上两道锁，盗贼撬开一道，还要再撬开另一道。第二招，增大犯罪危险。比如，在门口安上一盏灯，有人经过灯就亮了，大家都能看见。第三招，减少犯罪所得。那就是身上尽量少带钱。

出门物品小心藏，
坐车钱要贴身放，
手护背包与口袋，
自来熟者要谨防。

1. 什么叫盗窃？
2. 你被小偷偷过吗？
3. 什么时候被盗的可能性大？
4. 在火车或汽车上钱要怎么放？
5. 自己在家时，听到有陌生人撬门怎么办？

安全问答

出门身上少带钱，
手机钱物贴身放。

小朋友们，本节安全课讲到的安全重点你能做到吗？根据自己的情况涂上相应数量的星星吧！

还需努力	基本做到	没问题
☆☆☆☆☆	☆☆☆☆☆	☆☆☆☆☆

1. 不在身上带太多钱。
2. 在人多拥挤的地方留意自己的包和口袋。
3. 夜晚回家后，在睡觉前记得反锁家门。
4. 不把钱包或手机放在衣服口袋里。

平安童话

战胜劫匪

鼻涕猪比格是一个勤劳又爱美的孩子。这周六，比格准备去新开的“美丽森林”商厦给自己买几件新衣服。一大早他就起床了，天刚蒙蒙亮就出了门，边走还边哼着小调。突然，比格感到一只手抓住了他的肩膀，脖子上还抵着一个东西，散发出凉丝丝的感觉。他立刻止步回头，发现一个右脸长着一颗大黑痣的劫匪正恶狠狠地盯着他，他手里的尖刀就抵在比格的脖子上，比格吓得一动都不敢动。比格仔细一看，是口水狼沃尔福！沃尔福对他说：“把所有的钱都交出来，不然，就让你好看！”比格努力

定了定神，心想，“好汉不吃眼前亏”，便很配合地把自己口袋里所有的钱都掏出来交给了口水狼。沃尔福拿到钱后，收起了锋利的刀子，把鼻涕猪比格推倒在地就转身离开了，很快便消失在了茫茫的大森林里。随后，比格利用路边的公用电话向大苹果警察艾坡报了案，并详细描述了劫匪口水狼的特征和逃跑方向，特别强调了他右脸上的那颗明显的大黑痣。大苹果警察根据比格提供的线索很快便抓到了口水狼沃尔福，并帮鼻涕猪比格追回了被劫走的财物。

老师知道了鼻涕猪的遭遇，表扬了他在面对危险时镇定的做法，并且邀请他在班里给同学们分享这次的经历并传授应对坏人的经验。

劫匪通常都对受害人使用暴力、胁迫等方法，迫使其交出财物。遇到劫匪时，我们需要做到：第一，遇到危险，不紧张慌乱；第二，丢掉手中的东西，如书包等；第三，抓住机会，赶快逃跑；第四，保证安全，尽快报警。另外，还有一些安全小工具可以帮助我们在遇到危险时自救使用，如尖叫报警器，遇到危险时按下警报按钮，就能发出尖锐的警报声。

小灰狼，会撕咬，
小山羊，敢顶角。
坏蛋问我不知道，
敢骗坏人赶快跑。

1. 劫匪向你索要财物，是不是该给他？
2. 劫匪一般都出现在什么样的环境中？
3. 遇到危险时你会怎么办？
4. 你会背哪些平安童谣？
5. 尖叫报警器的作用是什么？

安全
问答

平安警语

遇到危险时，
要沉着冷静、斗智斗勇、果断逃离。

小朋友们，本节安全课讲到的安全重点你能做到吗？根据自己的情况涂上相应数量的星星吧！

还需努力	基本做到	没问题
☆☆☆☆☆	☆☆☆☆☆	☆☆☆☆☆

1. 遇到劫匪沉着冷静。
2. 独自在外不露财。
3. 随身携带一些安全小工具，如尖叫报警器。
4. 牢记安全童谣。

王大伟

中国人民公安大学教授，教育法学博士、博导，一级警监（专业技术），中国青少年犯罪学会常务理事，英国埃克塞特大学警察学研究中心名誉研究员，联合国欧洲犯罪研究所名誉研究员，预防犯罪专家，预防中小学生被害专家。被广大群众称为“中小学生的心中偶像”“大爷大妈的守护人”“说歌谣的警察”。出版有《中小学生被害人研究——带犯罪发展论》《孩子平安大于天——王大伟平安童谣》《平安小灯笼》等著作。

图书在版编目（CIP）数据

你别想随便摸我! / 王大伟著. -- 北京 : 现代出版社, 2018.7
（王大伟儿童书包安全手册）
ISBN 978-7-5143-7085-0

Ⅰ. ①你… Ⅱ. ①王 Ⅲ. ①安全教育—少儿读物 Ⅳ. ①X956-49

中国版本图书馆CIP数据核字（2018）第100632号

王大伟儿童书包安全手册：你别想随便摸我!

作　　者	王大伟	**网　　址**	www.1980xd.com
绘　　者	雨青工作室	**电子邮箱**	xiandai@vip.sina.com
责任编辑	王　倩　谢　演	**印　　刷**	北京瑞禾彩色印刷有限公司
封面设计	八　牛	**开　　本**	880mm×1230mm　1/32
出版发行	现代出版社	**印　　张**	2
通信地址	北京市安定门外安华里504号	**版　　次**	2018年7月第1版　2018年7月第1次印刷
邮政编码	100011	**书　　号**	ISBN 978-7-5143-7085-0
电　　话	010-64267325　64245264（传真）	**定　　价**	19.80元